错误的复制

正确的复制

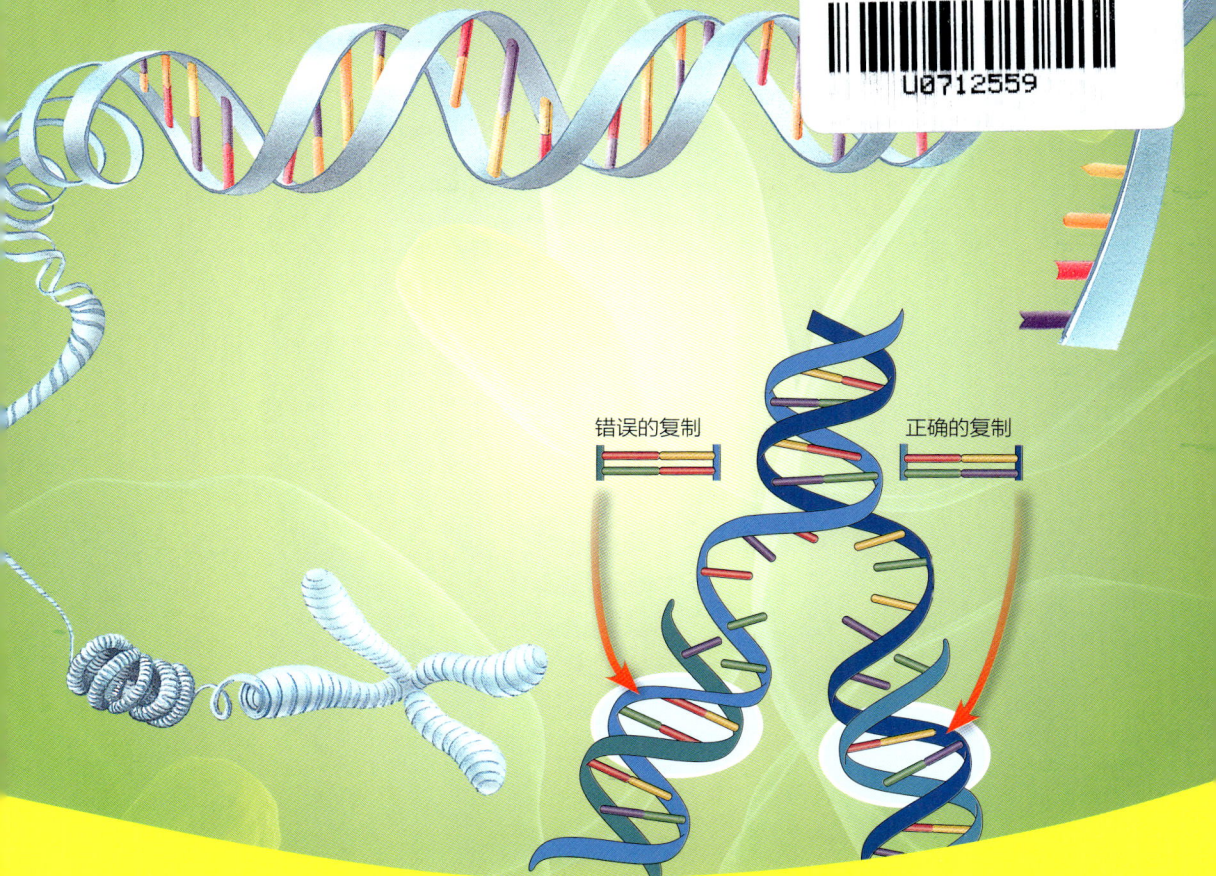

Discovery Education 探索·科学百科（中阶）

4级C2 人类密码DNA

全国优秀出版社
全国百佳图书出版单位

广东教育出版社

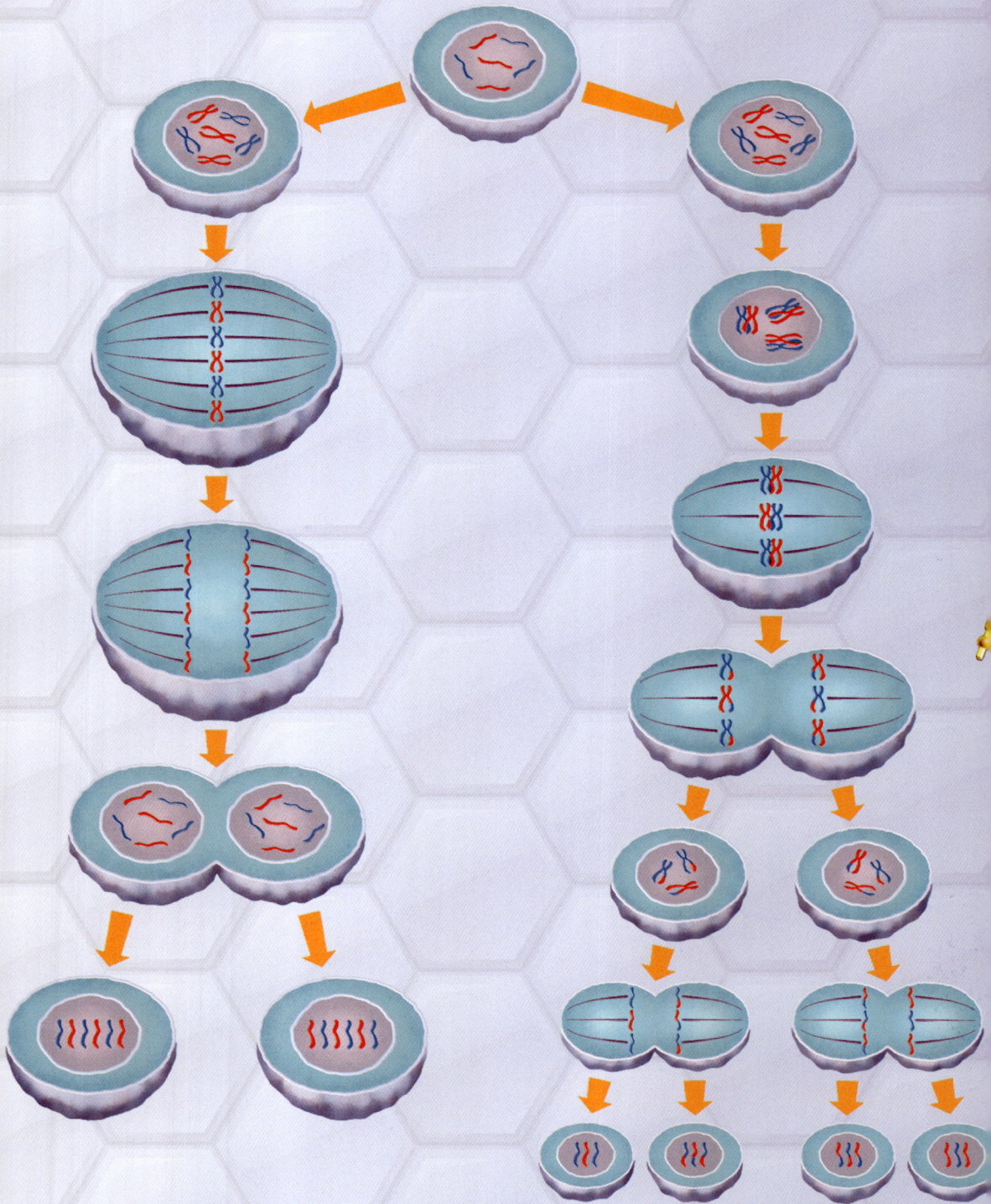

中国少年儿童科学普及阅读文库

探索·科学百科™
中阶

人类密码DNA

TANSUO
KEXUEBAIKE
4级C2
探索·科学百科

[澳]安德鲁·恩斯普鲁克⊙著

吴丹(学乐·译言)⊙译

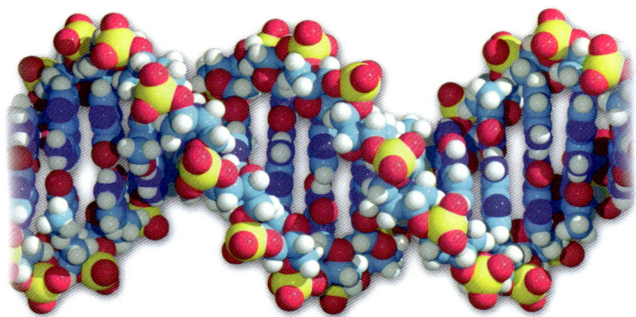

Discovery
EDUCATION™

全国优秀出版社
全国百佳图书出版单位
广东教育出版社

广东省版权局著作权合同登记号

图字：19-2011-097号

Copyright © 2011 Weldon Owen Pty Ltd

© 2011Discovery Communications, LLC. Discovery Education™ and the Discovery Education logo are trademarks of Discovery Communications, LLC, used under license.

Simplified Chinese translation copyright © 2011 by Scholarjoy Press, and published by GuangDong Education Publishing House. All rights reserved.

本书原由 Weldon Owen Pty Ltd 以书名*DISCOVERY EDUCATION SERIES · DNA Detectives*

（ISBN 978-1-74252-212-8）出版，经由北京学乐图书有限公司取得中文简体字版权，授权广东教育出版社仅在中国内地出版发行。

图书在版编目（CIP）数据

Discovery Education探索·科学百科. 中阶. 4级. C2，人类密码DNA/［澳］安德鲁·恩斯普鲁克著；吴丹（学乐·译言）译. — 广州：广东教育出版社，2014.1

（中国少年儿童科学普及阅读文库）

ISBN 978-7-5406-9471-5

Ⅰ. ①D⋯ Ⅱ. ①安⋯ ②吴⋯ Ⅲ. ①科学知识—科普读物 ②脱氧核糖核酸—少儿读物 Ⅳ. ①Z228.1 ②Q523-49

中国版本图书馆 CIP 数据核字(2012)第167686号

Discovery Education探索·科学百科（中阶）
4级C2 人类密码DNA

著 ［澳］安德鲁·恩斯普鲁克　　译 吴丹（学乐·译言）

责任编辑 张宏宇　李　玲　丘雪莹　　**助理编辑** 胡　华　于银丽　　**装帧设计** 李开福　袁　尹

出版 广东教育出版社
　　地址：广州市环市东路472号12-15楼　邮编：510075　网址：http://www.gjs.cn
经销 广东新华发行集团股份有限公司　　　　　　　**印刷** 北京顺诚彩色印刷有限公司
开本 170毫米×220毫米　16开　　　　　　　　　　**印张** 2　　　　**字数** 25.5千字
版次 2014年1月第1版　2014年1月第1次印刷　　　**装别** 平装

ISBN 978-7-5406-9471-5　　　**定价** 8.00元

内容及质量服务 广东教育出版社 北京综合出版中心
　　　　　电话 010-68910906 68910806　　网址 http://www.scholarjoy.com
质量监督电话 010-68910906 020-87613102　　**购书咨询电话** 020-87621848 010-68910906

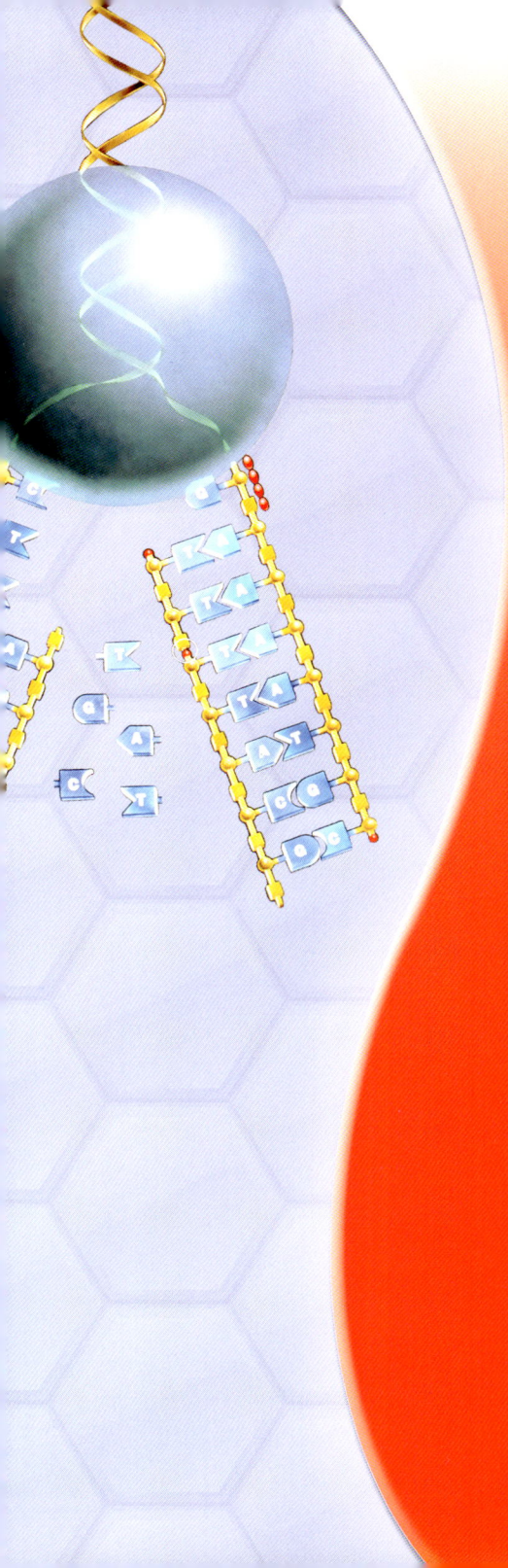

目录 | Contents

传递性状

生活在地球上的每种生物——无论是动物、植物还是细菌——都会繁殖后代。在这个过程中，生物自身的性状会一代又一代地传下去，例如眼睛的颜色或是耳朵的形状。

人们很早就了解这一事实，比如人们看到某个人的女儿就会想到：她长得可真像她爸爸。但是，人们在经历了长达几十年的科学研究后才查明遗传性状是如何传递给下一代的。是什么让女儿会和父亲有相似的鼻子、眼睛和身高？答案是基因。基因就是父母传递给子女的代码和指令，这个传递过程称作基因遗传。

不可思议！

人类的基因与大猩猩的基因相比较，有96%的相似性。这意味着仅仅4%的人类基因造成了人类和大猩猩的差异。

性状的隔代遗传

基因遗传有个有趣的特点，那就是性状并不会在每一代都表现出来。一种性状可以从祖父母传递给父母，再由父母传递给子女；但也有可能在祖父母身上表现出该性状，到父母辈时并未显现出来，而到了子女这一代又出现了。

眼睛

眼睛的颜色是可以遗传的，但这种遗传并不像人们想象的那样简单。眼睛的颜色由几个基因共同发挥作用，这导致了眼睛颜色可呈现多种多样的亲子组合。

耳朵

遗传会影响耳朵的大小、形状、听觉、听力损伤或疾病的发生率以及有无耳垂，甚至会决定耳朵里的耳垢是干燥的还是湿润的。

笑容

遗传影响着笑容的许多特征，从嘴唇的饱满度到牙齿的大小，再到有无酒窝等。

下巴

基因控制着下巴的许多特点，包括胡须的疏密程度，是否有完全或部分颏裂等。

什么是性状？

性状是父母传递给子女的遗传特征，基因影响着全身各种性状，例如，是否有白色额发（译注：本病相对少见，为常染色体显性遗传病，特点是有白色额发，位于中线，呈三角形或菱形，尖部向前或向后舒展，眉毛和内侧眉毛可变白），拇指是直的还是弯曲的，是否能卷舌等。

兄弟姐妹间的相似性

兄弟姐妹拥有共同的父母，因此分享相同的物理性状。即使他们只共有双亲中的一方，他们还是会获得来自这一方亲人的各种性状。同卵双胞胎拥有几乎完全相同的基因，因而外表看起来十分相似。

遗传学事实

遗传性状是通过基因传递的。除了生殖细胞（精子和卵子）和红细胞外，人体的每个细胞里都含有一套该个体的完整基因。生殖细胞中只含有整套基因的一半，而红细胞里不含任何基因。

我们的基因来自双亲——一半来自母亲，一半来自父亲。如果我们有了孩子，我们自身一半的基因，与配偶的基因汇合传递给每个子女。这种基因混合的繁殖方式有利于保持生物种群的健康强壮。

核糖体　细胞核　线粒体　染色体

内质网　高尔基体

行为指令

基因是指挥个体细胞建立，以及发挥作用的指令。这也是为什么尽管肌细胞和脑细胞中含有相同基因，但却拥有不同构造，发挥不同作用的原因。

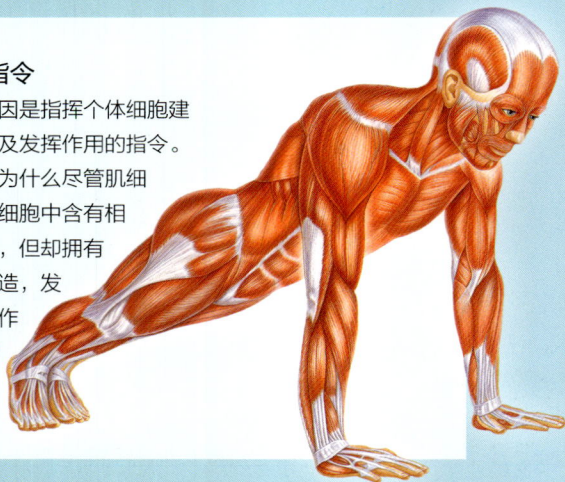

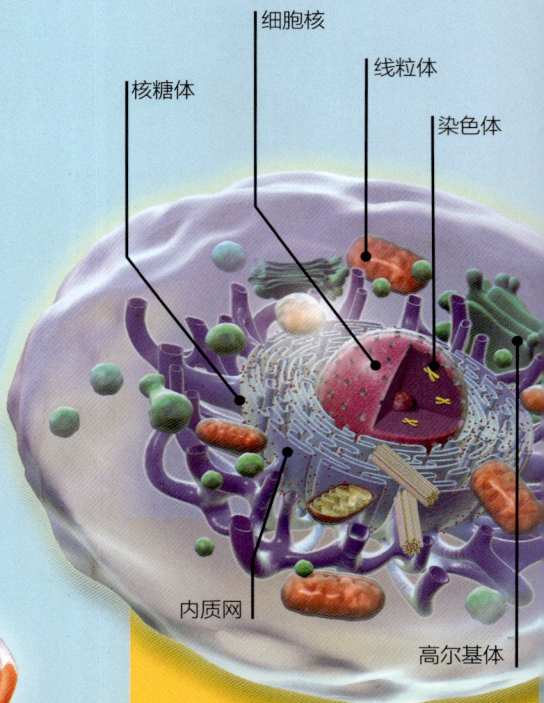

基因在哪里？

位于细胞中心的是细胞核，细胞核内含有染色体，而染色体中又含有成千上万个基因。由于细胞核内含有遗传物质，细胞核在某种程度上算是细胞的控制中心。

显性和隐性

如果双亲在一个性状上传递了不同的基因给子女会怎样？例如，子代同时获得有颅裂和无颅裂基因的情况。事实证明，当一些基因决定生物性状的作用更强或者占据了主导地位时，被此种基因支配的性状称为显性性状；而另一些被影响力较弱的基因支配的性状称为隐性性状；显性遗传性状会在子代身上表现出来。

棕色眼睛通常是显性遗传性状

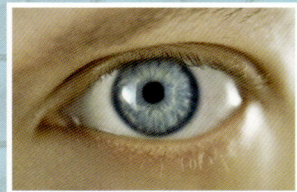

蓝色眼睛通常是隐性遗传性状

遗传与环境

尽管一些性状是由基因决定的，但遗传性状也会受环境影响。举例来说，肤色最初是由基因控制的，但如果让皮肤长期暴露在太阳下，这种环境会使肤色变红或变黑。各种因素，如饮食、锻炼和生活环境都会影响基因的表达。

鼻子的形状不易受环境影响，而肤色则易受影响。

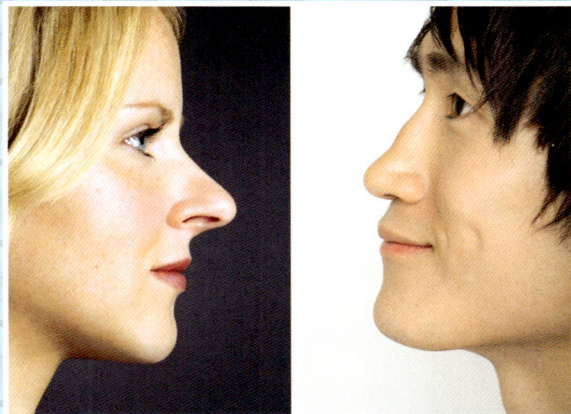

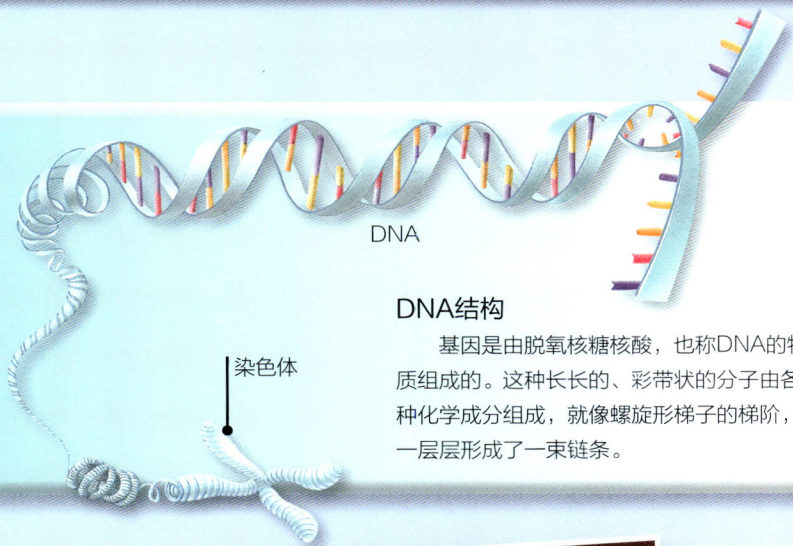

DNA

染色体

DNA结构

基因是由脱氧核糖核酸，也称DNA的物质组成的。这种长长的、彩带状的分子由各种化学成分组成，就像螺旋形梯子的梯阶，一层层形成了一束链条。

染色体对

人类的每个体细胞中含有23对、共46条染色体。每一对染色体都是一条来自母亲，另一条来自父亲。这些染色体里共含有约25 000个基因，而这些基因塑造了我们每个人。

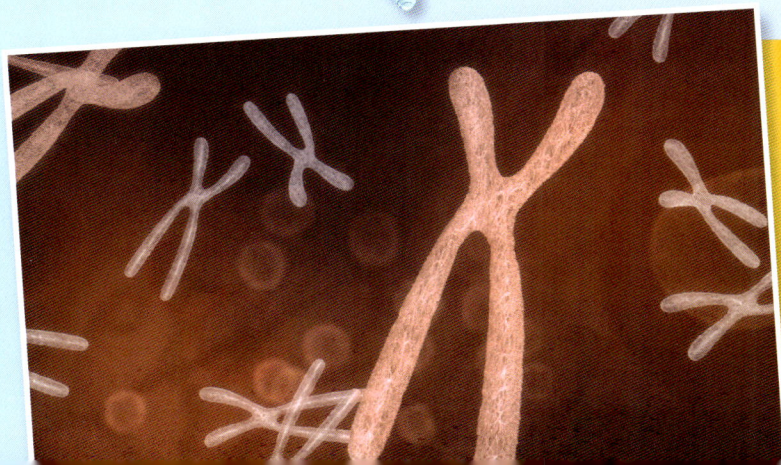

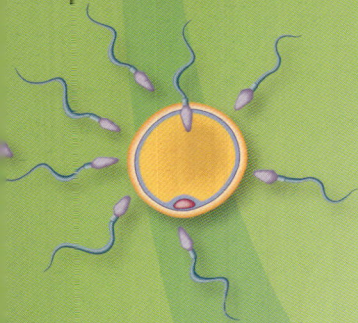

基因和遗传

子女身上所表现出来的性状取决于遗传因素和偶然因素。生殖细胞，也称精子和卵子，分别来自男性和女性。生殖细胞中含有正常数量一半的染色体，基因在某个生殖细胞中出现与否，并无特殊规律，而两个生殖细胞的结合也是偶然的。

当生殖细胞结合成为受精卵，来自父亲和母亲的染色体也组合成为独一无二的个体，该个体拥有来自双亲的独一无二的性状组合。

1.生殖细胞

在男性和女性生殖细胞中，染色体的数目只有正常数量的一半。当精子和卵子结合在一起时，就组成了46条染色体，精子和卵子各提供一半。

等位基因

对于每种性状来说，每个人都有两个基因版本来对应，每个版本称为一个等位基因。在生殖细胞产生时，对应每种性状的每对等位基因中，只有一个进入生殖细胞。

2.受精卵发育

受精卵首先分裂为两个细胞，之后细胞不断分裂、复制，这是新的身体形成的开始。

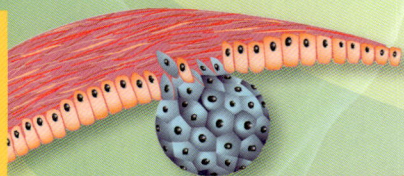

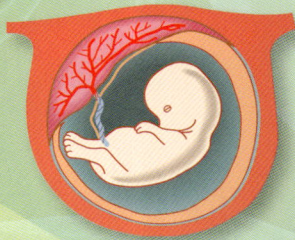

3.细胞分化

随着发育过程的继续，基因信息指挥细胞开始分化，形成不同的器官，使身体形成更加成熟的形态。

人人都一样

人体的每个细胞里都含有23对、共46条染色体。

遗传

　　每个人的每种基因都有两个版本，图片的最上面两行代表父亲的基因（红色和绿色），中间两行代表母亲的基因（蓝色和橘黄色）。每位双亲各贡献一半基因，这些基因在婴儿身上发生组合（最下面两行）。如果同一对夫妇有了另一个孩子，父亲和母亲的基因不会变，但婴儿的基因组合则不相同了。

父亲的染色体

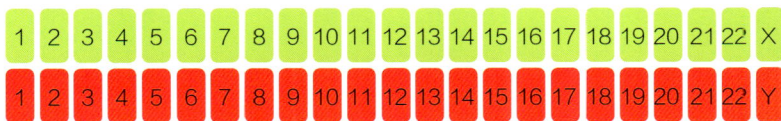

| 1 | 2 | 3 | 4 | 5 | 6 | 7 | 8 | 9 | 10 | 11 | 12 | 13 | 14 | 15 | 16 | 17 | 18 | 19 | 20 | 21 | 22 | X |
| 1 | 2 | 3 | 4 | 5 | 6 | 7 | 8 | 9 | 10 | 11 | 12 | 13 | 14 | 15 | 16 | 17 | 18 | 19 | 20 | 21 | 22 | Y |

母亲的染色体

| 1 | 2 | 3 | 4 | 5 | 6 | 7 | 8 | 9 | 10 | 11 | 12 | 13 | 14 | 15 | 16 | 17 | 18 | 19 | 20 | 21 | 22 | X |
| 1 | 2 | 3 | 4 | 5 | 6 | 7 | 8 | 9 | 10 | 11 | 12 | 13 | 14 | 15 | 16 | 17 | 18 | 19 | 20 | 21 | 22 | X |

婴儿的染色体

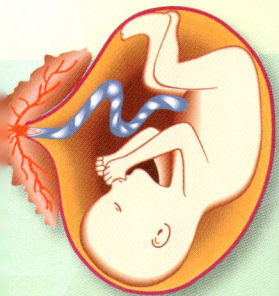

| 1 | 2 | 3 | 4 | 5 | 6 | 7 | 8 | 9 | 10 | 11 | 12 | 13 | 14 | 15 | 16 | 17 | 18 | 19 | 20 | 21 | 22 | X |
| 1 | 2 | 3 | 4 | 5 | 6 | 7 | 8 | 9 | 10 | 11 | 12 | 13 | 14 | 15 | 16 | 17 | 18 | 19 | 20 | 21 | 22 | X |

4.出生

　　发育成熟的胎儿拥有独一无二的一套基因，一部分来自母亲，另一部分来自父亲。在出生之后，从婴儿表现出的性状中，可以看到双亲组合基因的表达情况。

染色体数目

　　不同生物的细胞中染色体数目也不同，只依据染色体数目是无法判断物种的，也无法提供有关该物种的具体信息，染色体中含有的基因才是生物遗传的奥秘所在。

物种	染色体
豌豆	14
向日葵	34
猫	38
河豚	42
人类	46
狗	78
鲤鱼	104

探索基因和 DNA 的世界

基因能指挥身体里的细胞该做什么，以及何时去做，如"形成肝脏""形成心肌组织"或者"传导神经信号"。基因通过形成特殊蛋白质来发挥这一作用，每种基因实际上都是一种配方，在配方的指导下，在某一时间形成某种蛋白质。

DNA 由一对结合紧密的分子组成，而基因是 DNA 的一个部分，或者一个片段。DNA 分子的结构是双螺旋结构，就像扭转的梯子，梯子的边缘由磷酸和糖类组成，梯阶称为碱基对，碱基对由名为核苷酸的化学物质配对组成。根据碱基的不同，核苷酸分四种：腺嘌呤、胸腺嘧啶、鸟嘌呤和胞嘧啶，这四种核苷酸两两组合构成碱基对。

DNA 字母表

碱基对的组成成分——腺嘌呤（A）、胸腺嘧啶（T）、鸟嘌呤（G）和胞嘧啶（C）构成了基因的字母表。遗传性状取决于该字母表中字母的组合，组合构成了碱基序列。例如，序列为 ATCGTT 的一连串碱基对，可能是蓝色眼睛的性状所对应的碱基序列，而位于 DNA 同一位置的相似却不同的碱基序列，如 ATCGCT，则可能导致棕色眼睛性状的出现。

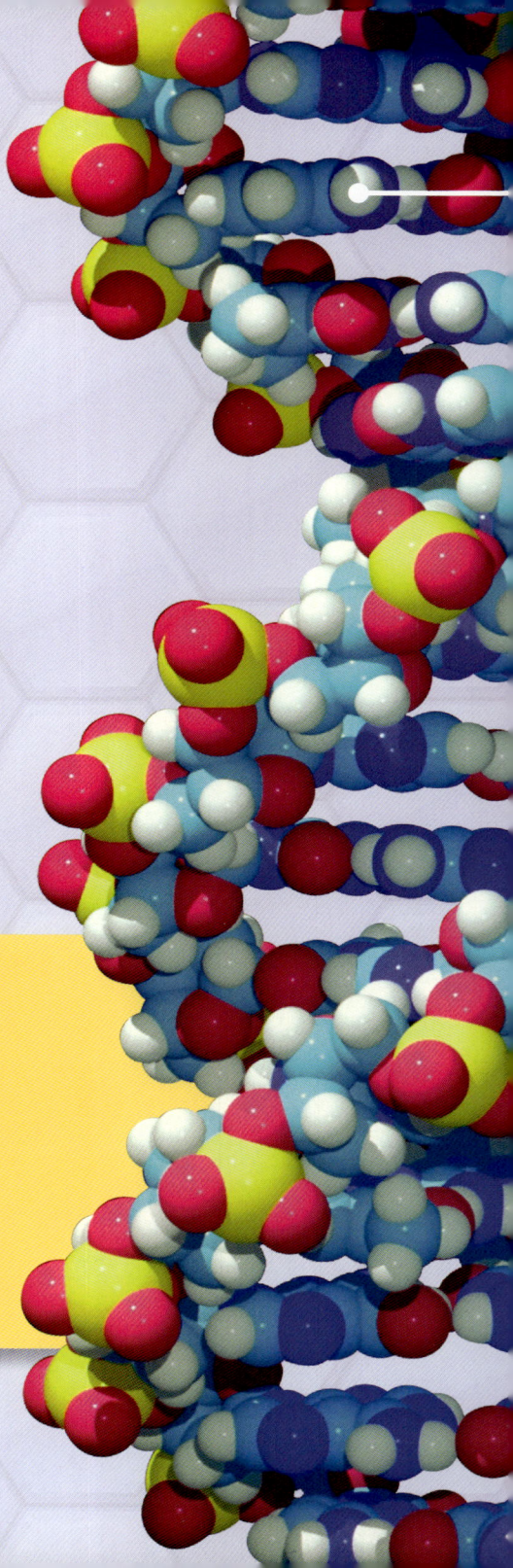

碱基对

DNA双螺旋结构中的碱基对是基因的字母表，碱基对的排列组合对应着各种性状。

不可思议！

在人类体细胞的46条染色体中，大约有30亿个碱基对，组成了人体所有的基因。

扭转的双螺旋

DNA双螺旋常常向右扭转，如果把单个DNA分子伸展开来，其全长超过1米。

基因中的碱基

中等长度的基因由约3000个碱基对组成，有的长一些，有的短一些。人类最长的基因由240万个碱基组成。

碱基配对原则

DNA 中碱基对的组成依据两个简单的原则：腺嘌呤（A）总是和胸腺嘧啶（T）配对，而鸟嘌呤（G）总是和胞嘧啶（C）配对。碱基在 DNA 中的位置不分左右，但是总是会组合成特定的碱基对，中间由氢键连接在一起。

腺嘌呤(A)

胸腺嘧啶 (T)

鸟嘌呤 (G)

胞嘧啶(C)

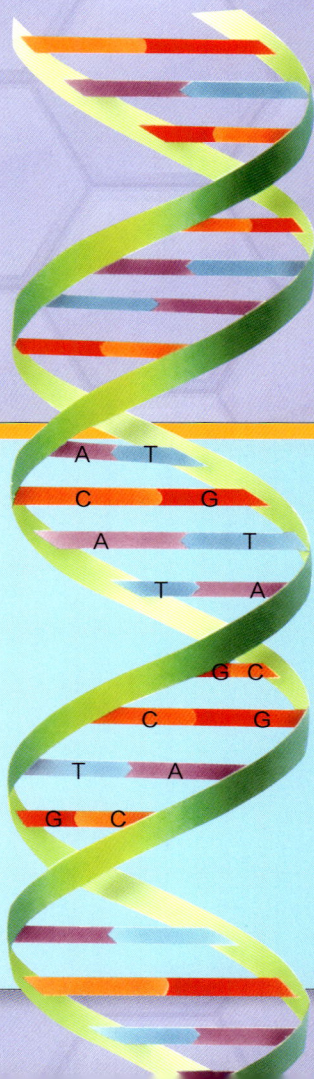

DNA 复制

每时每刻，在身体的每一个部位，都有细胞在进行分裂，并形成新的细胞。分裂生成的每个细胞中都必须含有一整套 DNA 染色体，并且要保证染色体复制的准确性。大部分细胞都是先将 DNA 分子一分为二，然后各自复制形成完整的 DNA 分子。

按照碱基配对原则，每半个 DNA 分子中含有复制所需的全部信息。如果半个 DNA 分子上有个 A，它就会吸引游离在细胞核中的 T，反之亦然。如果未配对的碱基是 C，它就会吸引游离的 G，反之亦然。

有丝分裂和减数分裂

细胞的分裂方式有两种。在有丝分裂中，母细胞分裂产生两个与母细胞完全相同的子细胞，这些细胞在身体生长和修复中发挥作用；在减数分裂中，最终子细胞的染色体数目是母细胞的一半，减数分裂的结果是形成生殖细胞。

有丝分裂

染色体复制

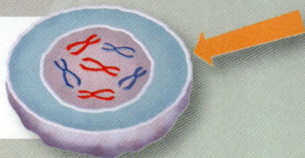

复制后的染色体排成一列

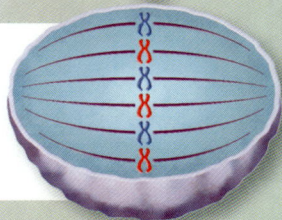

染色体被拉开分离

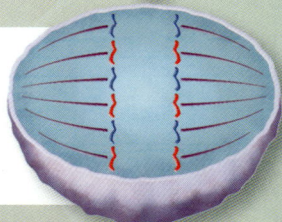

细胞一分为二

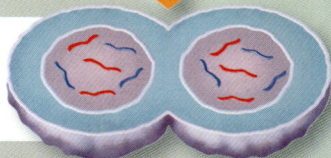

每个子细胞中含有相同的一整套46条染色体

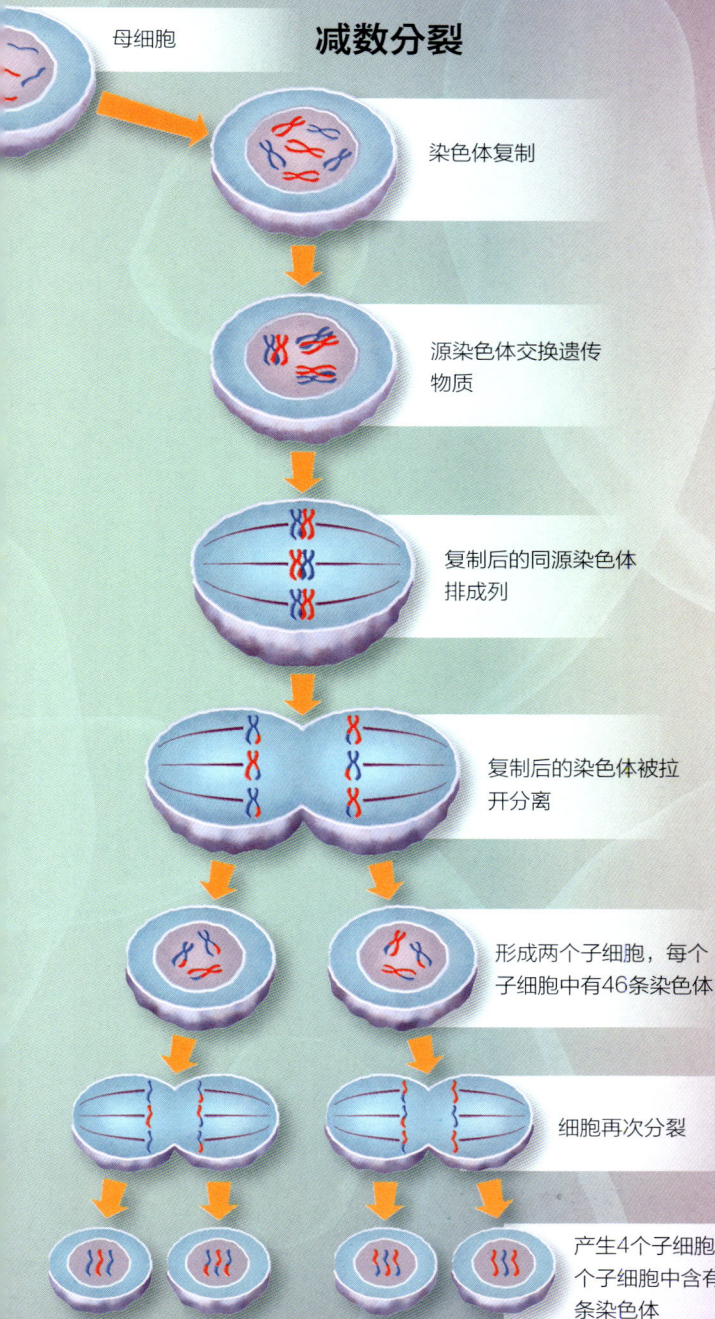

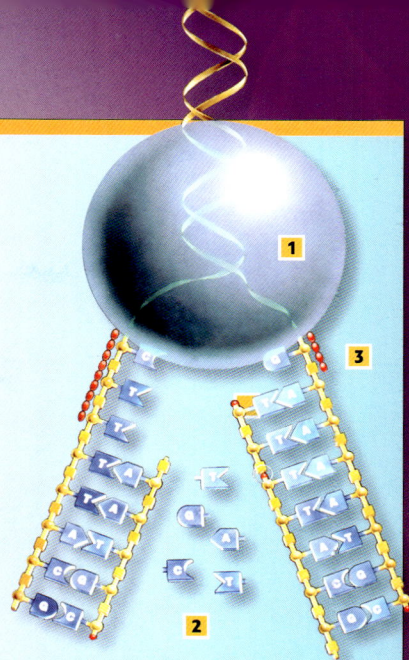

母细胞

减数分裂

染色体复制

源染色体交换遗传物质

复制后的同源染色体排成列

复制后的染色体被拉开分离

形成两个子细胞，每个子细胞中有46条染色体

细胞再次分裂

产生4个子细胞，每个子细胞中含有23条染色体

DNA 复制

1 DNA 分子利用细胞提供的能量，在解旋酶的作用下，把两条螺旋的双链解开，就像拉开拉链一样。

2 以解开的每一段母链为模板，以四种核苷酸为原料，按碱基配对原则，各自合成一段段子链。如果开链核苷酸是 G，C 就会与之结合，而如果开链核苷酸是 C，G 就会与之结合。在 A 和 T 的情况下也是相同的过程。

3 额外的磷酸和糖类将碱基对子链连接在一起，形成了 DNA 母链的其余部分。

你知道吗？

在儿童期，由于身体处于生长发育阶段，细胞分裂的速度要比成人期快。到了成人期，细胞分裂速度变慢，分裂的细胞主要发挥身体修复和保养的作用。

DNA 的事实

糖类和磷酸

DNA 梯子的两边由糖类和磷酸分子组成，碱基连接在糖分子上。一个完整的核苷酸是由碱基、糖类和磷酸组成的。

DNA 差异

如果对比两个人的基因，会发现他们有 99.9% 的基因都是相同的，这意味着人与人之间的所有差异均来自那 0.1% 的不同。

同中有异

双螺旋结构

DNA 的扭转梯形结构称为双螺旋结构，最初是由两位生物化学家詹姆士·沃森和弗朗西斯·克里克发现的。他们通过观察 DNA 样品的 X 射线照片发现了这一结构，并因此获得了诺贝尔奖。

詹姆士·沃森

弗朗西斯·克里克

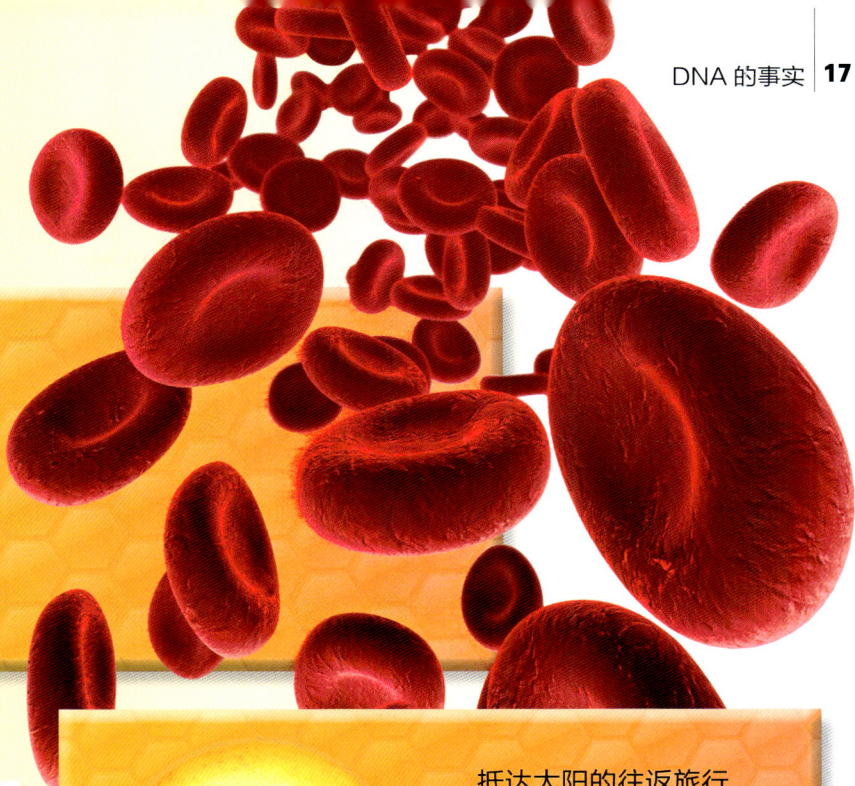

红细胞

　　成熟的红细胞是唯一不含任何 DNA 的体细胞。这是由于成熟的红细胞无细胞核，因此不含 DNA。

不可思议！

　　DNA直径只有2纳米，大约为人的头发的 1/25 000~1/50 000。

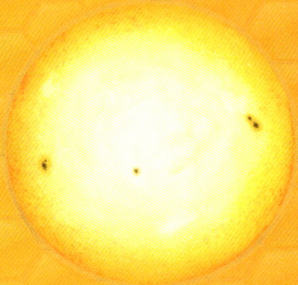

抵达太阳的往返旅行

　　如果提取一个人身体里所有的 DNA 分子，将它们相互相接，连起来的长度可从地球到太阳往返约 300 次。

外部因素

　　环境和行为会影响基因的表达。例如饮食会对基因产生影响，进而促使或抵抗某种疾病发生。比如癌症，不健康的饮食会导致抗癌基因失活，而健康的饮食有助于抗癌基因的表达，以抵抗癌症。

健康的饮食

不健康的饮食

里程碑式的发现

人类对基因的认识非一夜之功，而是历经了几十年的科学研究，经过一次次的发现和顿悟，逐渐积累而得来的，有许多研究者花费了毕生精力去钻研遗传学难题。

直到 19 世纪，科学家们才开始了解遗传基因是如何工作的。对基因认识的重要里程碑包括提出自然选择学说、发现基因位于染色体上，以及发现基因编码是如何发挥作用的。

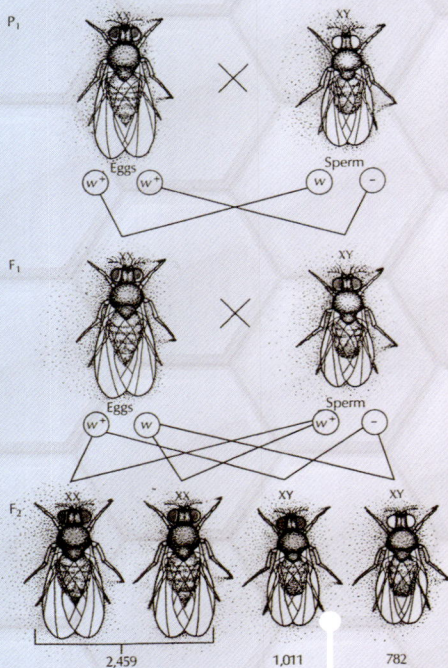

1858年
自然选择学说——即适应环境而存活下来的物种能够将遗传性状传递给下一代——是由英国博物学家查尔斯·达尔文提出的。

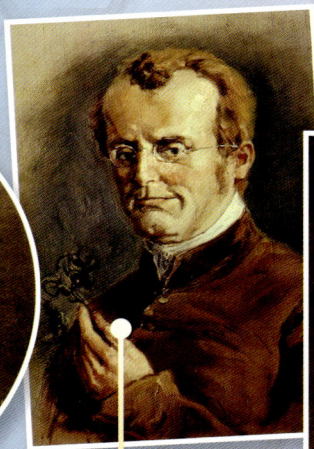

1866年
奥地利牧师和植物学家格雷戈尔·孟德尔以豌豆为实验对象进行了遗传学实验，发现性状的传递遵循特殊的自然定律。

1905年
英国科学家威廉·贝特森最先采用了"遗传学"这一名词，他在1900年研读了孟德尔的著作，并发现著作里的观点与他自己在植物遗传领域的研究发现不谋而合。

1910年
美国动物学家托马斯·亨特·摩根进行了果蝇实验，实验结果表明遗传性状是由染色体上的基因负责传递的。

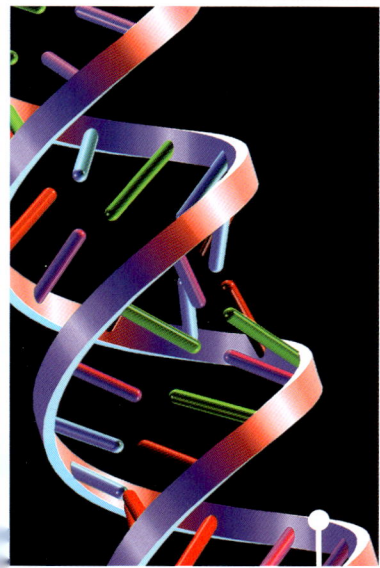

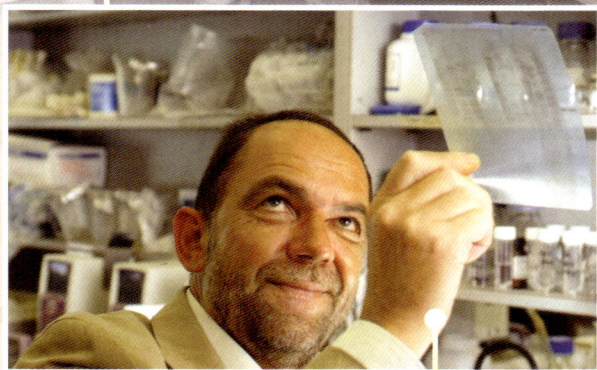

1941年

美国人乔治·比德尔（左一）和爱德华·塔特姆（左二）研究发现基因通过与酶类相互作用而影响遗传，他们因此在1958年共同赢得了诺贝尔奖。

1953年

美国生物化学家和遗传学家詹姆士·D．沃森与英国生物化学家弗朗西斯·克里克共同发现了DNA的双螺旋结构。

1977年

世界上首个基因工程公司"基因泰克"成立。该公司应用基因工程方法——将来自不同生物体的基因拼接在一起——来制造新型药物。

1989年

英国遗传学家亚历克·杰弗里斯首次采用"DNA指纹"这一概念，并开创了用DNA进行案件侦破和亲子鉴定（确定孩子的亲生父亲）的方法。

人类基因组计划

人类基因组计划是一项重大的国际科学研究项目，目的是绘制出人类基因图谱。该计划着眼于人类的 23 对染色体，目标是确定染色体中所有 25 000 个基因的位置和功能，并测定 30 亿个碱基对的序列。同时也将研究由此产生的技术、伦理、法律和社会问题并提出相应的对策。人类基因组计划是迄今为止所实施的最大的科研项目之一。

这个投入数十亿美元的项目自 1990 年正式启动，最初预计耗时 15 年，找到 100 000 个基因。然而，实际的基因数目比预想的要少，再加上计算机技术的发展，使得图谱的完成比计划提早了两年，于 2003 年完成。

国际合作行动

人类基因组计划最初是由美国能源部和国立健康研究院发起的一个研究计划，但很快就演变为国际合作行动，其他参与的国家有：

澳大利亚	德国	荷兰
巴西	以色列	俄罗斯
加拿大	意大利	瑞典
中国	日本	英国
丹麦	韩国	
法国	墨西哥	

绘制染色体图谱

　　人类基因组计划的重要结果之一是对特定染色体上的特异基因有了更加深入的了解。下图代表的是 1 号染色体（共 23 号），包含 24 600 万个碱基对，标注展示了控制特殊疾病和性状的基因在染色体上的大致位置，这只是包含了成千上万个基因的人类完整基因组图谱里的一部分信息。

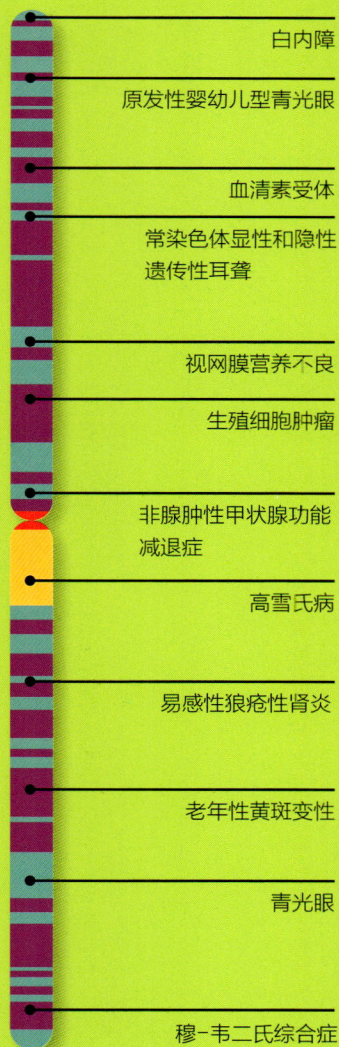

白内障

原发性婴幼儿型青光眼

血清素受体

常染色体显性和隐性
遗传性耳聋

视网膜营养不良

生殖细胞肿瘤

非腺肿性甲状腺功能
减退症

高雪氏病

易感性狼疮性肾炎

老年性黄斑变性

青光眼

穆-韦二氏综合症

突变

每时每刻，人体里都有细胞在进行着分裂，分裂的结果常常是生成与原来的细胞一模一样的复制品。然而，有时候复制品与原来的细胞并不百分之百一致，这可能是自然误差，也可能由外界影响导致，如辐射和病毒。这种生物体的 DNA 序列发生改变称为突变。

突变有多种类型，置换突变是指一个碱基被另一个碱基所取代而发生了改变，例如 A 取代了 G。插入突变是指多余的碱基对插入到 DNA 序列中。删除突变是指序列里的一段 DNA 片段发生丢失。

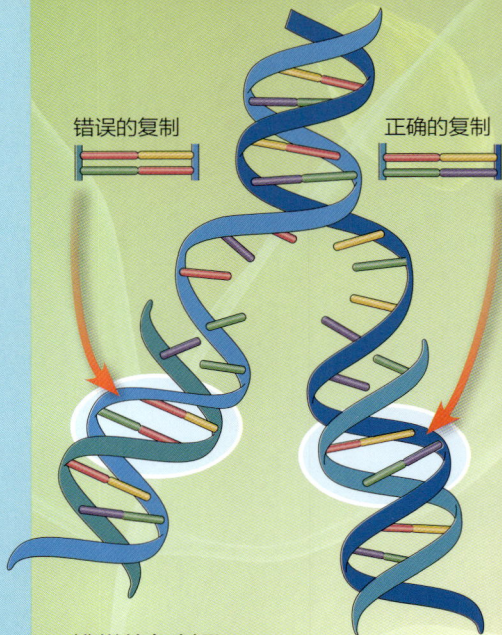

错误的复制　　　　　　　　正确的复制

糟糕的复制品

突变是DNA复制出错的结果，可以发生在DNA分子的任意位置上，但DNA分子上存在着"突变热点"，在这些位置发生突变的可能性高出其他位置100倍。

有益？有害？还是无关紧要？

"突变"这个词会带给人们畸形和病态的印象，突变的确可能导致畸形和疾病，但并不是所有的突变都有害。有些突变是中性的，而有些则是有益的。

中性突变是指突变能改变生物体的颜色和纹理，但不会对其生存能力产生任何影响。有益突变则能增强生物体生存能力，例如，某种突变系动物因为皮肤色彩的变化能使其更好地藏匿。这种有益突变导致的性状变化有可能会遗传下去。

双眼颜色不同

DNA使这只猫的双眼呈现不同颜色。

多余的角

基因突变导致这只山羊有两个多余的角。

多余的头

这只乌龟因为基因突变而多出了一只头，这可不是有益突变。

引发突变的原因

突变可以由身体外部因素导致，包括暴露于粒子辐射（核电站事故）、电磁辐射（X光或太阳紫外线），以及接触到某些化学品和病毒。以上因素均可以导致细胞复制过程发生错误。

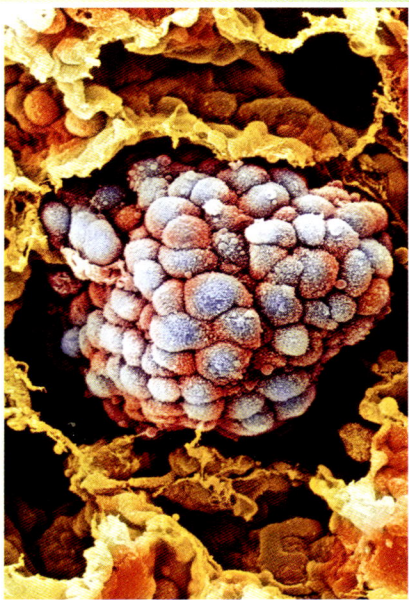

癌症

细胞发育异常且不受控制地增殖时，就会发生癌症。癌细胞是一个正常单细胞发生一系列突变的结果。单个细胞发生突变的可能性很低，一连发生几次突变而演变为癌细胞的可能性更是微乎其微，但它仍然可能发生。癌症多发于老年人，因为老年人的细胞有更多的时间来发生一系列突变。

你知道吗？

迅速而频繁的突变可以促进物种的进化，有利于生物在不良环境下存活。这种情况在细菌突变出抗生素耐药菌株时有所体现。

如何成为遗传学家

遗传学在近几十年里的蓬勃发展给那些热爱科学，致力于在遗传、突变、细胞生长和增殖领域工作的人们带来了许多机遇。遗传学家可不是简单地看看显微镜而已，遗传学的工作范畴贯穿医学、农学和科学，包括了医学遗传学、遗传咨询、基因治疗、器官移植、生育能力、生殖、转基因食品、养殖、生物技术、药品、法医学、教育、基因检测和法律。总之，遗传学研究范围广泛，有着广阔的发展前景。

术业有专攻

不同的实验室研究领域也各有不同。你需要先确定好自己感兴趣的领域，诸如法医学、生物信息学，然后在接受了相关的教育后，你还需要找到你感兴趣的领域的实验室。

教育程度

  要想成为遗传学家，必须先进入大学学习，几年后获得学士学位，通常是理科的学士学位，例如生物学或化学学位。之后再攻读硕士学位和博士学位，或者直接攻读哲学博士学位。

户外工作和研究

  大部分遗传学家把户外工作作为研究的一部分。举个例子，对于一些农业遗传学工作者来说，亲自查看遗传学在农作物上的应用效果是必要的。

临床遗传学家一周的生活

  临床遗传学家既是医生，又接受过遗传学的专业教育，常常专门从事儿童期疾病的治疗。他们的工作是确认和研究遗传缺陷，以及家族成员患遗传性疾病的风险。父母也可以向他们咨询遗传病传给下一代的风险。

5 出席学术研讨会并展示科研成果

4 及时了解最新的研究资讯

1 在诊室与病人会面

2 在实验室进行科学研究

3 主持实验室会议

DNA 指纹图谱分析技术

DNA 指纹图谱分析技术可以用于确定人物身份或事件真相，例如某种动物物种的鉴定，或者个人身份的识别。由于任何两个人之间 DNA 的一致性都高达 99.9%，DNA 指纹图谱分析技术关注的就是那 0.1% 的差异，与人所表现出的外部特征的鉴定无关。DNA 指纹图谱分析技术专注于每个人特定的、区别于其他人的短片段遗传密码，因为这种密码极少有两个人完全相同。这同人的指纹一样，故称为"DNA 指纹"。

这种基因分析方法可以成为法律和法医学的有力工具，可以用于确认某人是否参与犯罪，或者是否对某种情况负有责任，例如一个生父确认诉讼程序。

案件侦破

犯罪现场遗留的 DNA 可用于查明涉案嫌疑分子，头发、血液、唾液和表皮细胞都含有一个人的 DNA 样本，所以这些都是侦破人员重点搜集的破案线索。

不可思议！

1986年，DNA指纹图谱分析技术首次在英国应用，侦破了一起强奸杀人案，运用DNA检测一一排除嫌疑人，并找出了真凶。

确认死者身份

DNA 指纹图谱分析技术可以用来确认死者身份，例如战死的士兵、自然灾害罹难者或是在犯罪现场发现的尸体。

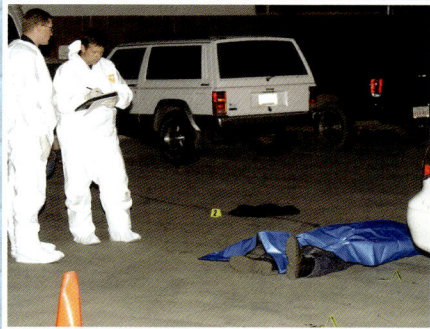

保护濒危物种

对植物和动物进行基因分析可获得外观研究无法获得的信息，这些遗传信息可以用来鉴定哪些物种属于亟需保护的濒危物种。

全刚鹦鹉是濒临灭绝的鸟类。

疾病诊断

医生可以应用 DNA 指纹图谱分析技术诊断遗传病，诸如血友病、囊性纤维化、亨廷顿氏舞蹈症、家族性阿尔茨海默病、镰状细胞性贫血。早期诊断有助于患者获得有效的治疗和护理。

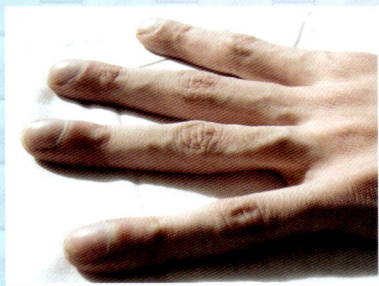

杵状指是肺囊性纤维化的晚期症状之一，DNA指纹图谱分析技术能够在早期诊断出该疾病。

亲子鉴定

基因检测可以通过对比父亲和孩子的 DNA 来确定父子关系，这在谁应该尽抚养义务上具有法律意义。

? 你来决定

基因工程（又称转基因技术）是通过把一种生物的基因提取出来，放入另一种生物的体内，进而达到改变生物性状的目的。基因工程可以用于增强农作物的抗病能力，或者延长食物的保质期。基因工程的效果存在争议，大部分基因工程的实践都既有拥护者，又有反对者。

历史悠久的实践

几个世纪以来，农民通过选择育种的方法，不断改良农作物和家畜的基因。科学的进步使人们能直接从基因入手进行改良。

真还是假？

基因工程能使你的孩子更聪明、更健壮、更美貌吗？有人认为以此为目的的基因工程会毁灭人类，但是答案尚未可知。

治疗疾病

通过创建转基因药物和药物输送系统可以提高人们抵抗疾病的能力。此外，基因疗法通过改变病人的基因来治疗疾病，也极有可能成为某些疾病患者的福音。

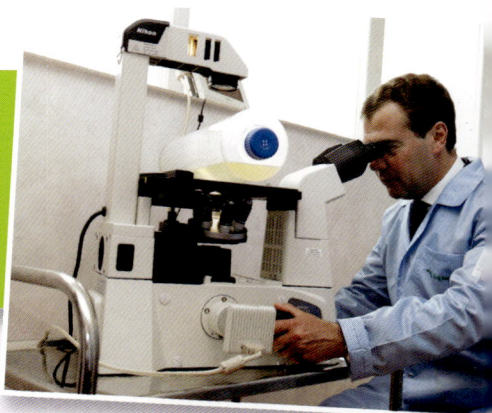

缓解全球饥荒

种植基因工程改良的农作物，可能产出更多的粮食，满足全球更多人口的需求。同时，农作物也可能被改造得更适应不同地区的环境。

污染农作物

　　一旦种植转基因作物，就会污染邻近的不愿种植它们的农户的庄稼，这种传播无法控制，而且转基因作物对自然环境到底有何影响尚属未知。

种业垄断

　　研发转基因作物的公司可以获得种子的专利，意味着农民不得不从该公司购买种子。种业的垄断剥夺了农民选择购买和保留种子的自由。

威胁食品供应

　　越来越多的转基因食品被端上了餐桌，但食用后的长期影响还是个未知数。有人担忧，等出现不可预知的健康恶果时，后悔为时已晚。

知识拓展

等位基因 (allele)

染色体上的某个特定基因，对应着某种特定性状或性状的一部分。等位基因一般成对存在，一个来自父亲，一个来自母亲。

碱基对 (base pair)

在 DNA 梯形结构中，构成每个梯阶的一对核苷酸。

生物化学家 (biochemist)

研究生物体的化学组成及生命过程中各种化学变化的科学家。

染色体 (chromosome)

细胞核里载有遗传基因的物质，易被碱性染料染成深色，所以叫染色体。人类体细胞中含有 46 条染色体。

DNA

脱氧核糖核酸（desoxyribonucleic acid）的英文缩写，位于细胞核内，含有生物体的遗传指令。

DNA 指纹图谱分析 (DNA fingerprinting)

利用 DNA 来确定某人身份或某事真相的过程。

显性性状 (dominant trait)

影响力极强且优先表达出来的遗传性状。

双螺旋结构 (double helix)

DNA 分子呈现出的成对螺旋状结构形态。

酶类 (enzymes)

活细胞生成的复杂的蛋白质，有加速化学反应的作用。

额发 (forelock)

头顶前部长出的一小束头发。

基因 (gene)

生物体内的基本遗传单位。

基因工程 (genetic engineering)

提取生物体的基因片段，将其与其他生物体的基因片段拼接重组的过程。

遗传学家 (geneticist)

研究基因和遗传学，或从事基因和遗传学工作的人。

遗传学 (genetics)

研究基因的结构和功能，以及变异、传递和表达规律的学科。

基因组 (genome)

生物体内的一个完整的 DNA 序列。

螺旋结构 (helix)

就像一条直线沿着圆柱体表面缠绕上升而形成的结构。

遗传 (heredity)

从父母到子女的性状传递。

人类基因组计划 (human genome project)

以找出人类所有基因为目标的一项国际合作研究工作。

遗传性状 (inheritance)

从父母亲继承而来的一系列生物学属性。

减数分裂 (meiosis)

一个母细胞经历两次分裂，分裂为四个子细胞的细胞分裂方式，每个子细胞中含有母细胞一半的染色体，而不是全部。

有丝分裂 (mitosis)

一个母细胞分裂为两个子细胞的细胞分裂方式，子细胞和母细胞完全相同。

突变 (mutation)

生物体基因结构的改变。

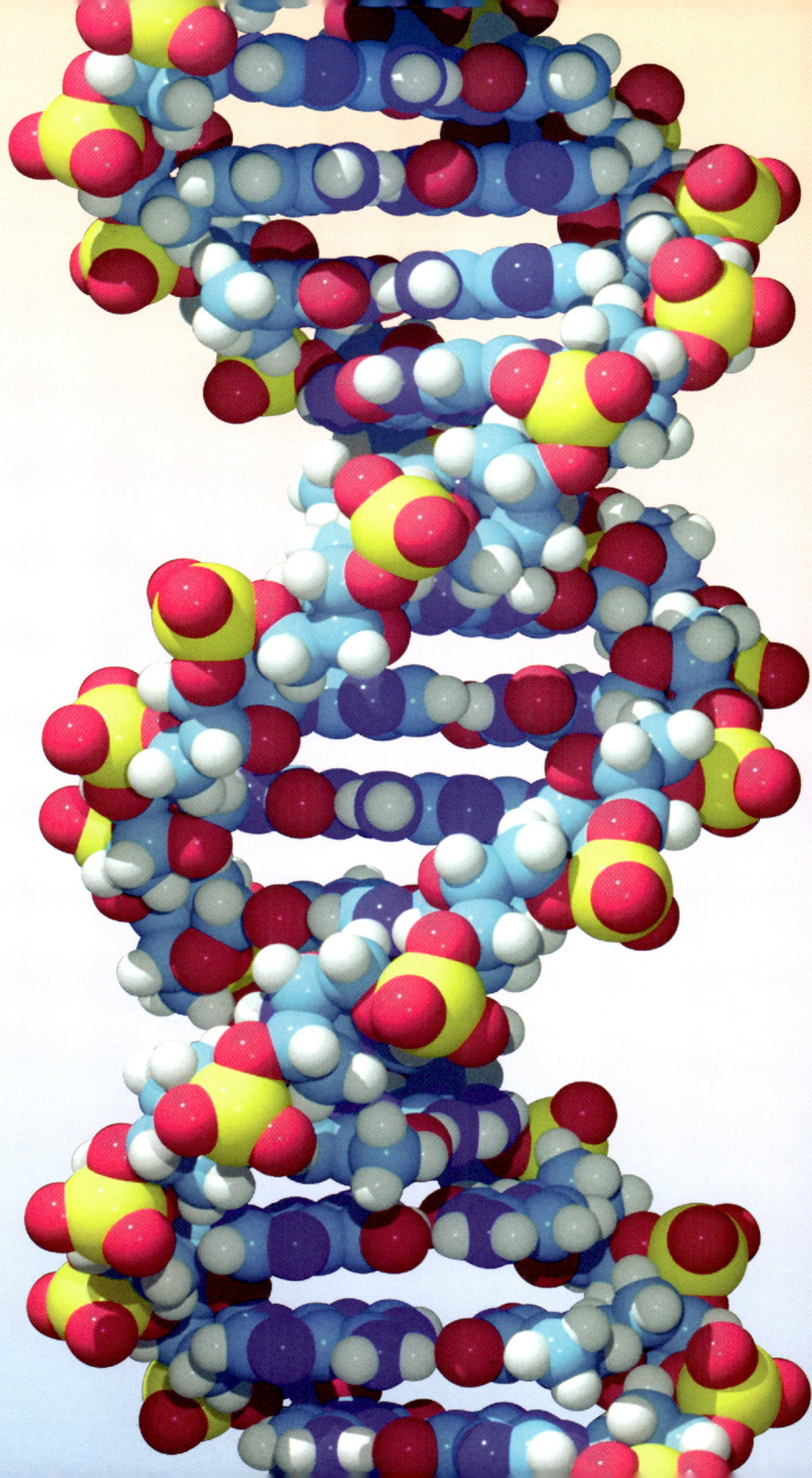

探索·科学百科™

Discovery EDUCATION™

世界科普百科类图文书领域最高专业技术质量的代表作

小学《科学》课拓展阅读辅助教材

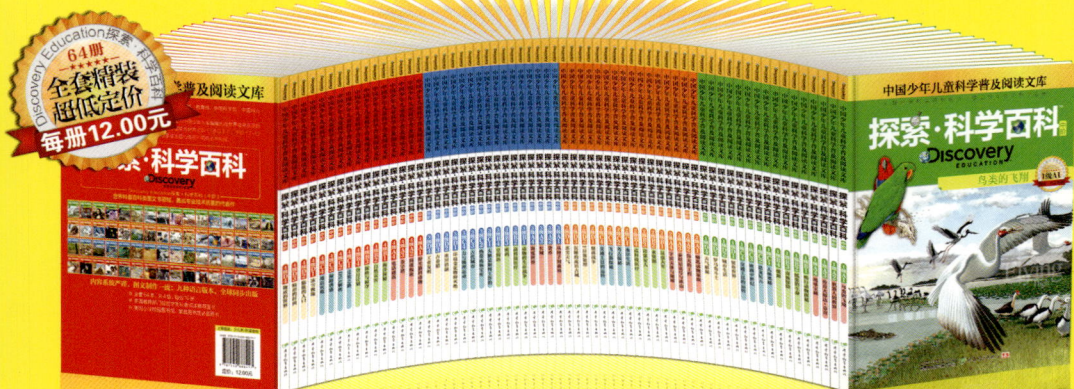

64册
全套精装
超低定价
每册12.00元

中国少年儿童科学普及阅读文库
探索·科学百科
Discovery EDUCATION
鸟类的飞翔

Discovery Education探索·科学百科（中阶）丛书，是7~12岁小读者适读的科普百科图文类图书，分为4级，每级16册，共64册。内容涵盖自然科学、社会科学、科学技术、人文历史等主题门类，每册为一个独立的内容主题。

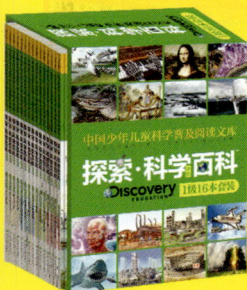

Discovery Education
探索·科学百科（中阶）
1级套装（16册）
定价：192.00元

Discovery Education
探索·科学百科（中阶）
2级套装（16册）
定价：192.00元

Discovery Education
探索·科学百科（中阶）
3级套装（16册）
定价：192.00元

Discovery Education
探索·科学百科（中阶）
4级套装（16册）
定价：192.00元

Discovery Education
探索·科学百科（中阶）
1级分级分卷套装（4册）（共4卷）
每卷套装定价：48.00元

Discovery Education
探索·科学百科（中阶）
2级分级分卷套装（4册）（共4卷）
每卷套装定价：48.00元

Discovery Education
探索·科学百科（中阶）
3级分级分卷套装（4册）（共4卷）
每卷套装定价：48.00元

Discovery Education
探索·科学百科（中阶）
4级分级分卷套装（4册）（共4卷）
每卷套装定价：48.00元